となりのきょうだい
理科でミラクル

最強★きょうりゅう 編

となりのきょうだい 原作
アン・チヒョン ストーリー　ユ・ナニ まんが
イ・ジョンモ／となりのきょうだいカンパニー 監修
となりのしまい 訳

東洋経済新報社

もくじ

1 ギャグには苦痛がつきもの 6
どうして痛みを感じるの?

2 親切なめし使い 14
どうして傷はかさぶたになるの?

3 エイミのネイルサロンへようこそ! 22
どうしてつめはのびるの?

4 マリモの引っこし 30
水そうの水はどうして時間がたつと緑色になるの?

5 完ぺきな演技は難しい! 38
ネコはどうして毛をなめるの?

6 となりのシェフのひみつのレシピ 46
魚を加熱するとどうしてかたくなるの?

となりのクイズ 1 54

7 チゲから宝探し 56
貝はどうやって真じゅをつくるの?

8 きん急出動! となりのレスキュー隊 64
動物はどうして冬みんするの?

9 ひな鳥を救出せよ! 72
鳥はどうして巣をつくるの?

10 エイミのい大な発見!? 80
化石はどうやってできるの?

11 ジュラ紀にタイムスリップ1 88
きょうりゅうはいつの時代に生きていたの?

12 ジュラ紀にタイムスリップ2 96
きょうりゅうはどうして絶めつしたの?

となりのクイズ 2 104

13 目指せつり王！ 106
こおった湖に暮らす魚はどうしてふつうに泳げるの？

14 氷の上の熱い対決 114
回転するコマはどうしてたおれないの？

15 短いけど熱い愛 122
使い捨てカイロはどうしてふるとあたたかくなるの？

16 こいするビニールハウス 130
ビニールハウスの中はどうして冬でもあたたかいの？

17 花火の下で告白 138
花火はどうやってカラフルな色を出すの？

となりのクイズ3 146

となりのレベルアップ 148

表しょう状 153

登場人物

「かかってこ～い!」

トム

体の大きなきょうりゅうにも立ち向かう兄。ティラノサウルスの時代に興味しんしん。

エイミ

動物のまねを特訓する妹。ネコが自分の体をなめている理由に興味しんしん。

「私はネコだニャ～」

トムとエイミは、どこにでもいる
へいぼんなきょうだい。
2人のまわりでは毎日、
楽しいことがたくさん起こるみたい。
さて、今日は何が
始まるのでしょうか?

ギャグには苦痛がつきもの

#痛みを感じる理由　#痛点

どうして痛みを感じるの？

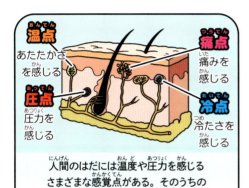

人間のはだには温度や圧力を感じるさまざまな感覚点がある。そのうちの「痛点」は痛みを感じる感覚点なんだ。

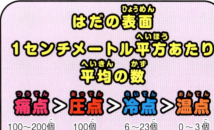

痛点は他の感覚に比べて数がもっとも多いよ。特に指先や顔にたくさんある。

痛点の外部にし激が加わると、それが感覚神経を通じて大脳に伝わり痛みを感じるんだ。

痛みは体から送られる危険信号なんだ。痛点のおかげで、命にかかわる傷や病気に気づくことができるよ。

ちん痛ざいとますい

人間の体はひどい痛みを感じると、ショック（とつ然のし激によって起きる精神や身体への急激な反応）を起こしてしまうこともある。痛みによってショックが起きると気絶したり、死亡に至ることもあるから、ひどい負傷や手術の痛みが心配な場合は、かん者の痛みをやわらげるために、ちん痛ざいやますいを投よするよ。

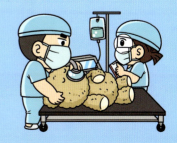

2 親切なめし使い

#傷口にかさぶたができる理由　#血小板

シーソーからとつ然降りたら危ないよ
勢いよくシーソーから降りたトム

あちゃー、ひじをすりむいちゃったね

Q どうして傷はかさぶたになるの？

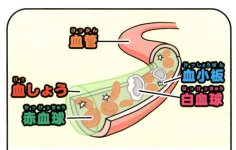

人間の体に流れる血は赤血球、白血球、血しょう、血小板からなっているよ。このうち、血小板は出血を止める役割を担っている。

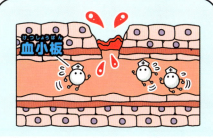

体に傷ができて、出血が起きると傷に血小板が集まってくるよ。このとき、血小板から血を固める化学物質が分ぴつされるんだ。

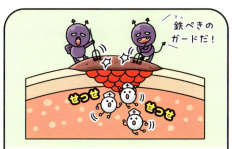

こうして、傷口の血が固まってかさぶたができるんだ。かさぶたは出血を止めるだけでなく、細きんが血管に入りこまないようにしてくれるよ。

かさぶたは時間がたてば自然にはがれ落ちるから、無理にはがさなくていいよ。

となりのサイエンス

かさぶたを無理にはがすと、どうなる？

かさぶたができたとき、完全に治るまではかゆいと感じたことがあるかもしれない。このとき、かさぶたを無理にはがさないようにしよう。無理やりはがすと、細きんに感せんしてえんしょうが起きたり、傷がきれいに治らないこともあるよ。

エイミの
ネイルサロンへ
ようこそ！

#つめがのびるふしぎ　#つめの構造

どうしてつめはのびるの?

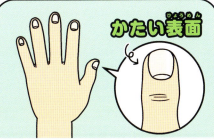

つめは新たに生まれた細ぼうによって追いやられ、角質化した「死んだ細ぼう」だ。おもな成分は「ケラチン」と呼ばれる、かたいたんぱく質だよ。

死んだ細ぼうでできているから、血管や神経がなく、切っても痛みを感じないんだ。

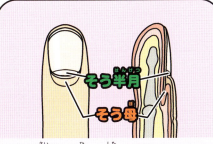

つめの細ぼうは皮ふの下にうもれている「そう母」でつくられるよ。そう母は根元のほうにある白い部分である「そう半月」の下にある。

そう母では新しい細ぼうがどんどんつくられていて、古い細ぼうを外に追いやるから、つめがどんどんのびるんだ。

となりのサイエンス

つめがのびるスピード

つめは1日に約0.1ミリずつ、1カ月で約3ミリのびる。し激をたくさん受けると、細ぼうの分れつが活発になってのびるスピードが速くなるよ。また、手のつめは足のつめよりも2倍速でのびるんだ。その理由は日常の中で足より手のほうがたくさんのし激を受けるからだよ。

マリモの引っこし

#そう類　#グリーンタイド

Q 水そうの水はどうして時間がたつと緑色になるの?

水そうを日が当たる場所に置いたり、水をかえないままにすると、水の色が緑色に変わることがあるよ。その理由は水中で緑色の生物が育つからなんだ。この生物は一見、こけのように見えるけど、実際はこけではなく、水中にせい息し、光合成を行っている「そう類」なんだ。ユーグレナやこん布といった植物に代表されるそう類は根っこ、枝、葉の区別がなく、ほう子を使ってはんしょくする。にごった水やゆっくり流れる河川など、栄養物質が多い場所や日当たりのいい場所でよく育つよ。

ユーグレナ

こん布

となりのまめ知識

グリーンタイドによるひ害

光合成を通じてせい長するそう類は、夏場になると急激にはんしょくすることがある。その結果、川や湖の水の色が一面緑色になる「グリーンタイド」が発生するよ。ふだんは酸素をつくり、動物性プランクトンのエサになるなど、そう類は水界生態系にいいえいきょうをあたえるけれど、大量発生すると水中への光をしゃ断して生物を死めつさせてしまう。最近では異常気象で水温が上しょうし、ダムや干たく地の開発によって水の流れが落ちているせいでグリーンタイドが広がっているんだ。

グリーンタイドが発生した様子

5 完ぺきな演技は難しい！

#グルーミング　#ヘアボール

ネコはどうして毛をなめるの？

ネコが舌で毛をペロペロなめて毛づくろいすることを「グルーミング」というよ。1日の4分の1をこのグルーミングにあてているんだ。

ネコの舌にはトゲのようなとっ起がびっしりとある。そのとっ起がかみの毛をとかすくしのような役割になって、毛を整えられるんだ。

グルーミングのときに毛を飲みこんでしまうこともあるけど、ほとんどはうんちとしてはい出されるよ。

グルーミングでは毛につばをつけて体温の調節も行っているよ。その他にも愛情表現や精神を安定させる効果もあるよ。

ネコがはき出すヘアボール

グルーミングのときに誤って飲みこんでしまった毛がうんちとしてはい出されず、体内に残ってしまうことがある。この毛のかたまりのことを「ヘアボール」というよ。たいていは食道を通じて体外にはい出されるけど、長期間体内に残ってしまうと消化不良や便秘になってしまうんだ。

となりのシェフの
ひみつのレシピ

#魚を加熱するとかたくなる理由
#たんぱく質の変性

魚を加熱すると どうしてかたくなるの？

魚の身は生の状態だとやわらかいけど、加熱するとかたくなるんだ。その理由は魚の筋肉を構成しているたんぱく質の状態と性質が変化する「たんぱく質の変性」が原因だよ。たんぱく質の変性とは、熱や酸、アルコールなどが原因で分子の構造が破かいされ、たんぱく質の機能が失われる現象を指す。卵をゆでると、白身がかたくなるのも、この変性が原因だよ。

生の魚のたんぱく質の構造　　加熱した魚のたんぱく質の構造

となりのまめ知識

寄生虫の感せんを招くたん水魚のさし身

川や湖などのたん水にせい息する魚をさし身で食べると「かん吸虫しょう」にかかるおそれがある。かん吸虫はおもにたん水にせい息する寄生虫で、感せんすると発熱や腹痛を引き起こす場合もある。また、消化を助ける働きをもつたんじゅうを運ぶ「たん管」に寄生し、たん管えんにかかることもあるから注意が必要なんだ。

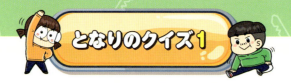

となりのクイズ1

穴うめクイズ

次の文章を読んで、空らんをうめよう。

感覚点のうちの1つである [　　　　] は外部のし激を大脳に伝えて痛みを感じさせる。

答え：

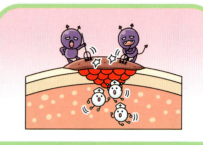

傷口にできたかさぶたは [　　　　] の血管へのしん入をそ止する。

答え：

水そうの水を長い間かえずにいると、水中に生息する植物である [　　　　] が育って、水の色が緑色に変わる。

答え：

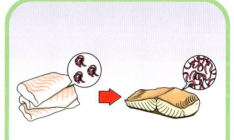

魚の身を加熱するとかたくなる理由は、魚の身の筋肉を構成している [　　　　] の変性が原因だ。

答え：

答え：左上から時計回りに、痛点、皮ふ、そう類、タンパク質、ウラ緑

次の質問の正解を答えているのはトムとエイミのどちらでしょう？

Q1 つめには血管や神経がない

Q2 グリーンタイドは異常気象と関連がある

Q3 ヘアボールは飲みこんだ毛が体内に残ってかたまりになったものだ

答え：Q1 ○トム、Q2 ○エイミ、Q3 ○トム

チゲから宝探し

#貝の構造 #真じゅ

貝はどうやって真じゅをつくるの？

真じゅはアコヤ貝やあさり、あわびなどの貝がらの体内にできる丸い形のたまだよ。かがやきがあることから宝石として知られている。

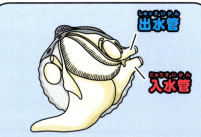

貝は「入水管」を通じて水を吸いこみ、水中の酸素やプランクトンといったエサを食べる。そして「出水管」から、水や異物をはき出すんだ。

そのとき、はき出せなかった異物が貝の中に残ると、それを外とうまくの上皮細ぼうから貝がらをつくる物質を分ぴつし、異物を囲んで分りするよ。

異物をおおう過程がくり返されることで天然の真じゅができる。真じゅがひとつできるまで、約2年かかると言われているんだ。

となりのサイエンス

貝がらはどうやってつくられるの？

貝はやわらかい身をかたい貝がらで保護している。貝がらは貝の外とうまくの上皮細ぼうから分ぴつされるカルシウムやたんぱく質などがふくまれた液体が海水の石灰質などの物質と出合うことで、どんどん強固になっていくよ。

貝がら

©freeangle/PIXTA

8 きん急出動！となりのレスキュー隊

#冬みん　#こう温動物と変温動物

Q 動物はどうして冬みんするの?

ほ乳類や鳥類など、外部の温度に関係なく一定の体温をい持する「こう温動物」は、エサを食べることで得たエネルギーで体温を保っている。

でも、寒い冬はエサの確保が難しいから、動物によってはエサをたくわえるか、栄養を一気にとったあと、冬みんに入るんだ。

リス(シマリス)は通常10月から4月まで冬みんする。その間、エネルギーの消もうをおさえるために心ぱく数や呼吸、体温の調整を最低限にするよ。

リスやクマは冬みんの間、たまに起きてエサを食べてエネルギーを確保したり、はい便を行ったりもするんだ。

となりのサイエンス

変温動物の冬みん

「変温動物」は体温を調整する能力がないため、外部の温度によって体温が変化するんだ。カエルやイモリなどの両生類や、ヘビ、トカゲなどのは虫類がこれに当たるよ。冬になると水中や土の中に入って冬みんする。冬みんの間は心臓の動きや呼吸がほとんど止まって、ほぼ死んだ状態になるんだ。

ひな鳥を救出せよ！

#いろいろな形の巣　#たく卵

エイミの い大な発見!?

#化石　#化石ができる過程

化石はどうやってできるの?

アンモナイト　　きょうりゅう

化石は過去に生きていた生物の骨や歯、からといった体の一部または足あとなどが地層に残っているものを指すよ。

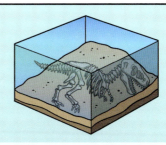

死んだ生物のこんせきは、時間がたつにつれて山くずれや風によって土におおわれたり、湖や海のおく深くにしずんだりするよ。

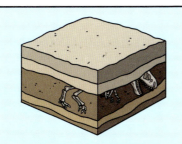

その上にどんどんたい積物がたまると、熱や圧力によってこんせきが石のようにかたまって化石化するんだ。

地かく変動によって化石がうまっていた地層が上におしだされたり、しん食によってけずられたりすることで化石が発見されるよ。

となりのサイエンス

化石の価値

化石を通じて遠い昔に存在していた生物の種類や特ちょう、当時のせい息地や気候などを知ることができる。たとえば、貝の化石が多い場所は過去にその土地が干がたや海だったことがわかる、といった具合だ。また、化石は生物の進化の過程を研究する以外にも、石油や石炭などの地下資源を探すことにも役立つんだ。

ジュラ紀にタイムスリップ1

#きょうりゅうの生きた時代　#中世紀

きょうりゅうはいつの時代に生きていたの?

地球は約46億年前に誕生したんだ。地球が誕生したときから現代までは、だいたい先カンブリア時代・古生代・中生代・新生代に分けられる。このうち、きょうりゅうが生きていた時代は中生代で、さらに、この時代は三じょう紀、ジュラ紀、白あ紀に分けられる。きょうりゅうは三じょう紀後半にはじめて登場したあと、ジュラ紀に本格的に増え、白あ紀にたくさんの種類が登場した。でも、白あ紀末期にとつじょ姿を消し、現在は残された化石でしか当時の様子を知ることができないんだ。

となりのまめ知識

日本にもきょうりゅうはいた?

日本列島で発くつされた化石を通じて、日本にもきょうりゅうがいたことがわかっているよ。1965年に山口県下関市ではじめてきょうりゅうの卵の化石が発見されたほか、北は北海道、南は鹿児島県の1道18県で、きょうりゅうの化石が見つかっている。肉食や草食などのさまざまなタイプのきょうりゅうの化石が発見されているよ。

きょうりゅうの化石

ジュラ紀にタイムスリップ2

#きょうりゅうが絶めつした理由　#鳥ときょうりゅう

きょうりゅうはどうして絶めつしたの？

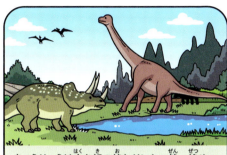

きょうりゅうは白あ紀の終わりにとつ然、絶めつしたと言われている。その原因についてはまだ学者たちの意見がひとつにまとまっていないんだ。

もっとも有力な説は、直径約10キロのきょ大ないん石がしょうとつしたことで生態系が破かいされ、絶めつしたっていう話だよ。

しょうとつで発生したホコリは太陽の光をさえぎって気温が下がり、地しん、火山ばく発が起きてきょうりゅうは暮らせなくなったんだ。

この他にも、火山ばく発で有毒ガスが発生した説、きょうりゅうのおならが原因で温暖化が起きて絶めつした説、などがあるよ。

鳥はきょうりゅうなんだって

鳥ときょうりゅうは骨の構造が似ていて、二足歩行ができるなど、多くの共通点がある。しかし、きょうりゅうに羽があるという証こがなかったため、ちがう種として認識されてきた。そのあと、1990年代より羽のあるきょうりゅうの化石が次々と発見されたことから、現在、鳥は「じゅうきゃく類」に属するきょうりゅうとされているよ。

じゅうきゃく類に属するシノサウロプテリクス

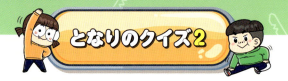

となりのクイズ 2

 次の文章を読んで、空らんをうめよう。

　　　　　は外部の温度のえいきょうを受けず、一定の体温をい持する。

答え：

カッコウは他の鳥の巣にこっそり卵を産み、他の鳥に自分の子をかわりに育てさせる　　　　　をする。

答え：

過去の生物やそのこんせきが地層に残っているものを　　　　　という。

答え：

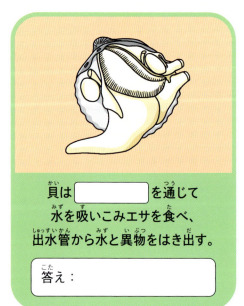

貝は　　　　　を通じて水を吸いこみエサを食べ、出水管から水と異物をはき出す。

答え：

104

答え：左上から時計回りに、こう温動物、たく卵、化石、入水管

トムの質問とエイミの返事をよく読んで正解を当ててみよう。

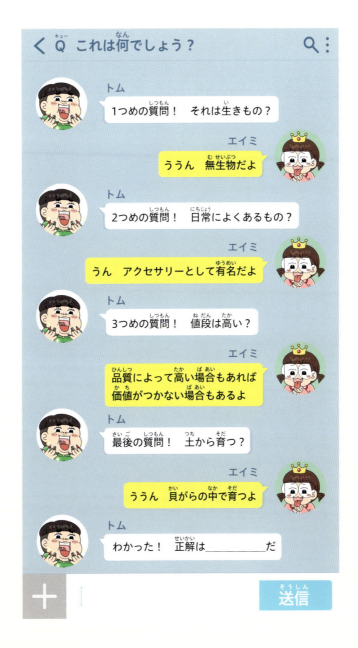

目指せつり王！

#水と氷の密度　#氷点

ワカサギは15センチくらいの小さな魚だよ

こおった湖の下で生きのびる方法を想像するきょうだい

こおった湖に暮らす魚はどうしてふつうに泳げるの？

寒い冬、カチカチにこおった湖の中で魚たちが生きていられる理由は、氷と水の「密度」がちがうからだよ。密度とは、物質が一定の体積にどれだけつまっているかをあらわす指標で、密度が小さい物質は大きい物質の上にうく性質がある。氷は水より密度が小さいから、水の上にプカプカうかぶんだ。湖がこおると、表面は氷だけどその下は水だよ。氷は中の水がこおらないように断熱材の役割を果たすから、魚たちも寒さをしのげるんだ。

となりのまめ知識

簡単にはこおらない海の水

どんなに寒くても海水は簡単にはこおらないよ。その理由は、海水には塩分がふくまれていて、氷点が0度より低いからなんだ。極地にある氷河も海水がこおったものではなく、雪がこおらずに積もったものなんだ。

寒くても水面がこおっていない海の様子

14 氷の上の熱い対決

#慣性 #まさつ力

回転するコマはどうしてたおれないの？

「慣性」とは物体がそのままの状態を続けようとすることで、動く物体はずっと動きつづけようとする。

走行中のバスが急停止すると体が前にかたむくのも、前に進みつづけようとする慣性が理由なんだ。

コマがその場で回りつづけるのも、回転運動を続けようとする「回転慣性」が原因だよ。

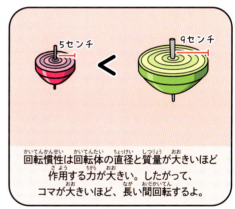

回転慣性は回転体の直径と質量が大きいほど作用する力が大きい。したがって、コマが大きいほど、長い間回転するよ。

回転するコマが最後にたおれる理由

回転慣性をもつコマも時間がたつにつれて回転速度が落ちて、最後はたおれる。これはコマと地面のまさつ力と周辺の空気によるていこう力が理由だ。まさつ力が小さい氷の上でコマを回す場合やコマの下に鉄の玉をうめこんで地面とのまさつ力を小さくすると、コマが長時間回りつづけるよ。

コマが回転する様子

15 短いけど熱い愛

#使い捨てカイロのしくみ　#酸化反応

# Q 使い捨てカイロはどうしてふるとあたたかくなるの？

ふって使うカイロの中には鉄粉と少量の水、塩、活性炭などが入っているよ。鉄は空気中の酸素にふれると、さびて熱を発生させるんだ。このように、ある物質が酸素に反応することを「酸化反応」というよ。鉄は長い時間をかけてゆっくりさびるから、熱は発生しにくいけど、使い捨てカイロの中の鉄は粉の状態だから酸化反応が早く起こる。カイロをふるとすぐにあたたかくなるのは、表面の小さな穴から酸素が通って酸化反応を起こすからなんだ。カイロの温度は短時間で30〜60度まで上がるよ。

使い捨てカイロのしくみ

鉄 ＋ 酸素 —酸化反応→ 酸化鉄 ＋ 発熱

塩＋活性炭（そく進ざい）

となりのまめ知識

使い捨てカイロのじゅ命をのばす方法

一度開ふうしたカイロは鉄粉が酸化して固まると、再び発熱することができなくなる。でも、カイロの熱が残っているときにジッパーぶくろに入れて空気のしん入を防げば、酸化反応が止まって長時間使用できる。

冬場にあたたかく過ごす秘けつだよ

ホカホカ

こいする ビニールハウス

#ビニールハウス　#ふく射

ビニールハウスの中はどうして冬でもあたたかいの？

ビニールハウスは鉄製のフレームにとう明のビニールをかぶせてつくった温室のことだよ。作物の収かくの時期を早めたり、熱帯植物を育てることができるんだ。プラスチックの素材でできたビニールは外の冷たい風を防いで、中に熱だけを通す。また、内部の土から発生した熱が外に出ないことで、室内の温度は上しょうする。つまり、太陽のふく射熱と地表面から放出される地球のふく射熱が保たれているから、ビニールハウスの中はあたたかいんだよ。

となりのまめ知識

熱の移動方法のひとつであるふく射

熱が物質をかいさず伝わる現象を「ふく射」というよ。あたたかい太陽熱が地球に届くのもこの現象のひとつ。ビニールハウスの表面がとう明なのは植物の光合成のためでもあるけど、太陽のふく射熱をうまく利用するためでもあるんだ。

17 花火の下で告白

#花火の色がカラフルな理由　#えん色反応

花火はどうやってカラフルな色を出すの?

花火が空に上がると、大きな音といっしょに色とりどりの火花が散る。この火花の正体は火薬が燃えることで起こる熱い光で、火薬に混ざっているさまざまな金属元素によって色が決まるよ。これを「えん色反応」とよび、金属元素が燃えるときに元素の種類によって花火の色がちがうことを指すんだ。カルシウムはオレンジ色、ストロンチウムは赤色、カリウムはむらさき色、銅は青緑色の光になる。えん色反応で現れた色から物質の構成元素がわかるよ。

花火の色を決める元素

となりのまめ知識

花火がかん境おせんを引き起こす?

夜の空にかがやく花火はお祭りで大人気。でも、花火を打ち上げるときに発生するけむりやプラスチックの破片、有害ないき物がかん境おせんにつながるという理由から、最近ではドローンを花火に見立てるショーが行われているよ。

ドローンを用いた花火

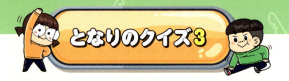

となりのクイズ3

 穴うめクイズ

次の文章を読んで、空らんをうめよう。

氷は水より　　　　　が小さいから、しずまず水面にうかぶ。

答え：

走行中のバスが急停止したとき、体が前にかたむくのは　　　　　が理由だ。

答え：

使い捨てカイロをふると、中に入っている鉄粉が　　　　　反応を起こして発熱する。

答え：

あたたかい太陽熱が地球に届く現象を　　　　　と呼ぶ。

答え：

答え：左上から時計回りに、密度、慣性、ふく射、酸化

クロスワードパズル

問題をよく読んで、下の空らんをうめよう。

よこのヒント
❶ 花火の色は、火薬に混ざっている○○○○○○○の種類によって決まる
❷ つめは、○○○が多いほどのびるスピードが速くなるよ

たてのヒント
❶ 海水は塩分をふくむので、○○○○○○が0度以下だ
❷ きょうりゅうの絶めつした時期は、中生代の中で○○○○末期といわれている

となりのレベルアップ

となりのきょうだいといっしょに
17個の問題を解決したよ。
問題を解いて、レベルをチェックしてみよう。

01 次のうち、痛点で感じるし激ではないものを選びなさい

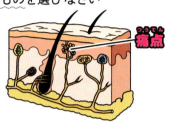

① はだにねん着テープをはってからはがす
② ゴツゴツした健康サンダルをはいたままダンス
③ ブロックのおもちゃをふむ
④ ホラー映画を見る

02 次のうち、かさぶたの説明として正しくないものを選びなさい

① 無理にはがさなくても時間がたてば自然とはがれ落ちる
② かさぶたができたら、手ではがさないといけない
③ 血小板は血を固める物質を出す
④ 細きんのしん入を防いでくれる

03 （　）の中に入る正しい答えを選びなさい

つめは角質化した（　㋐　）でできていて、（　㋑　）や神経がないため、切っても血は出ず、痛みもない。

① ㋐－死んだ細ぼう　㋑－血管
② ㋐－死んだ細ぼう　㋑－たんぱく質
③ ㋐－生きた細ぼう　㋑－血管
④ ㋐－生きた細ぼう　㋑－たんぱく質

04 次の写真を見て、グリーンタイドが起きた原因として正しいものを選びなさい

© でじたるらぶ/PIXTA

① 水深が浅くなって、湖の底が見えた
② 水中に緑色のそう類がたくさんはんしょくした
③ 湖に緑色の魚がたくさんせい息している
④ だれかがこっそり緑色の絵の具を混ぜた

答えは152ページ　正解数　　　個

05 次のうち、ネコが毛づくろいをする理由として正しくないものを選びなさい

① 毛についた異物を取り除くため
② 毛につばをつけて体温を調節するため
③ 精神的な安定のため
④ 毛がおいしいから

06 （　）の中に入る正しい答えを選びなさい

やわらかい生の魚を加熱すると身がかたくなる理由は、身を構成するたんぱく質に（　　）が起きたためだ

① 変身
② 変動
③ 変性
④ 変心

性質が変わるって意味だよ

07 次のうち、真じゅの説明として、正しくないものを選びなさい（2つ）

① アクセサリーをつくるときに使う
② 貝の内部にしん入した異物を分りさせるためにつくられる
③ どんな真じゅも値段が安い
④ 貝がはんしょくのために産んだ卵だ

08 次のうち、冬みんするリスに関する説明として正しいものを選びなさい

① リスは冬にしかねない
② 秋に前もってエサをたくわえておく
③ 気温によって体温が変化する動物だ
④ 冬みんの間、はい便をまったくしない

09 次の絵を見て、水草やこけの上に火山の形の巣をつくる鳥を選びなさい

① カンムリカイツブリ
② カササギ
③ カッコウ
④ キツツキ

10 次のうち、化石を通じて知ることができる情報として正しくないものを選びなさい

① 過去の時代に生きた生物の形や特ちょう
② その生物が暮らしていた時代
③ その生物が暮らしていた場所
④ 生物のおならのにおい

11 次のうち、きょうりゅうが生きていた時代として正しいものを選びなさい

① 先カンブリア時代
② 古生代
③ 中生代
④ 新生代

12 ㋐、㋑の中に入る正しい答えを選びなさい

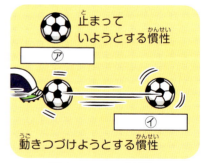

① ㋐-停止　㋑-運動
② ㋐-運動　㋑-停止
③ ㋐-止まる　㋑-進む
④ ㋐-進む　㋑-止まる

13 次の絵は使い捨てカイロがあたたかくなるしくみについて書かれています。⑦に答えを記入しなさい

使い捨てカイロのしくみ

 +  → 酸化鉄 +

塩＋活性炭
（そく進ざい）

ある物質が酸素に反応することを指すよ

ホカホカ

14 次の説明を読んで、（　　）の中に入る正しい言葉を選びなさい

大きくて重いコマが長く回転する理由は、コマの直径と質量が大きいほど回転慣性が（大きい／小さい）からだ。

15 次のうち、ビニールハウスの中があたたかい理由として正しいものを選びなさい（2つ）

① とう明なビニールが太陽熱をよく通すから
② 植物が熱を放つから
③ 冷たい風を防ぐから
④ ビニールが自ら発熱するから

16 物質にふくまれた金属元素によって特有の火花の色を出すことを（　　）反応とよぶ。（　　）の中に入る言葉を書きなさい

最後に問題を全部解いたか、もう一度確かめてから152ページにある正解を確認しよう

となりのレベルアップ 正解

01 ④　02 ②　03 ①　04 ②　05 ④
06 ③　07 ③、④　08 ②　09 ①　10 ④
11 ③　12 ①　13 酸化　14 大きい　15 ①、③　16 えん色

> 問題をしっかり読めば難しくないよ！

> まちがえたらもう一度やってみよう

キミのレベルは？

レベルアップテストの正解を確認して、正解した数からレベルをチェックしてみよう

0〜5個	6〜12個	13〜16個
スクスク育て！**若手レベル**	探検に出発しよう！**探検レベル**	私に任せて！**博士レベル**

第8号

表しょう状

実力が向上したで賞

なまえ：

あなたは『となりのきょうだい
理科でミラクル　最強☆きょうりゅう編』を
最後まで読み
日常の中の17個の問題をすべて解決し、
実力を大きく向上させたので
ここに表しょういたします。

20　　年　　月　　日

となりの解決団　トム＆エイミ

東洋経済新報社

흔한남매의 흔한 호기심 8

Text & Illustrations Copyright © 2023 by Mirae N Co., Ltd. (I-seum)
Contents Copyright © 2023 by HeunHanCompany
Japanese translation Copyright © 2025 TOYO KEIZAI INC.

All rights reserved.

Original Korean edition was published by Mirae N Co., Ltd. (I-seum)
Japanese translation rights arranged with Mirae N Co., Ltd. (I-seum)
through Danny Hong Agency and The English Agency (Japan) Ltd.

2025年4月29日発行

となりのきょうだい 理科でミラクル 最強☆きょうりゅう編

原作　　となりのきょうだい
ストーリー　アン・チヒョン
まんが　　ユ・ナニ
監修　　イ・ジョンモ／となりのきょうだいカンパニー
訳　　となりのしまい
発行者　　山田徹也
発行所　　東洋経済新報社
　　　　〒103-8345 東京都中央区日本橋本石町1-2-1
　　　　電話＝東洋経済コールセンター 03(6386)1040
　　　　https://toyokeizai.net/

ブックデザイン　bookwall
DTP　　天龍社
印刷　　港北メディアサービス
編集担当　　河面佐和子／能井聡子

Printed in Japan　ISBN 978-4-492-85009-1

本書のコピー、スキャン、デジタル化等の無断複製は、著作権法上での例外である私的利用を除き禁じられています。本書を代行業者等の第三者に依頼してコピー、スキャンやデジタル化することは、たとえ個人や家庭内の利用であっても一切認められておりません。
落丁・乱丁本はお取替えいたします。